前卫卷

背景墙精选集

宋季蓉　胡晓宇　唐　建　迟家琦　主编

辽宁科学技术出版社
·沈阳·

《背景墙精选集——前卫卷》编委会

主　　编：宋季蓉　胡晓宇　唐　建　迟家琦

副 主 编：白云峰　潘镭镭　胡　杰　于　玲

编　　委：郭媛媛　席秀良　方虹博　武子熙　朱　琳

图书在版编目（CIP）数据

背景墙精选集．前卫卷 / 宋季蓉等主编．— 沈阳：辽宁科学技术出版社，2015.7

ISBN 978-7-5381-9202-5

Ⅰ．①背… Ⅱ．①宋… Ⅲ．①住宅－装饰墙－室内装饰设计－图集 Ⅳ．① TU241-64

中国版本图书馆 CIP 数据核字（2015）第 075663 号

出版发行：辽宁科学技术出版社
（地址：沈阳市和平区十一纬路 29 号　邮编：110003）
印 刷 者：辽宁一诺广告印务有限公司
经 销 者：各地新华书店
幅面尺寸：210mm × 285mm
印　　张：5.5
字　　数：200 千字
出版时间：2015 年 7 月第 1 版
印刷时间：2015 年 7 月第 1 次印刷
责任编辑：王羿鸥
封面设计：魔杰设计
版式设计：融汇印务
责任校对：徐　跃

书　　号：ISBN 978-7-5381-9202-5
定　　价：34.80 元

联系电话：024-23284356
邮购热线：024-23284502
E-mail:40747947@qq.com
http://www.lnkj.com.cn

前卫卷

目录 CONTENTS

⊙打造前卫背景墙的三大法宝：镜面、彩绘、挂画

镜面：或多或少使用镜面增加背景墙的时尚感，除了有强烈的装饰感外，镜面的玻璃反射能够从视觉上增加空间感。此外，镜面也具备较强的实用性，可以方便人们整理仪容。

彩绘：将街头涂鸦艺术搬到自家的背景墙是一件十分炫酷的事情，追求自由不羁的姿态以彰显内心对艺术的热爱，但是彩绘不宜过多过大，以免显得杂乱无章。还有，日久失新的墙面以彩绘焕发新生，这是一件十分浪漫的事情。

挂画：如果突然感到家居空间不够时尚，如果突然感到家居空间不够个性，如果突然感到家居空间不够温馨，如果突然感到家居空间不够大气，只需要一幅挂画，就会重燃对家的爱意，收获一份意想不到的新鲜感。

设计要点

此处电视背景墙分为两层，采用凹陷的装饰方式增加空间感。外面用深色软包作修饰，软包形式，起到了隔音、美观的效果。内层则有一层黑镜用来扩展空间。根据整体空间和电视背景墙的具体尺寸，分别用纵向四等分的形式进行设计切分，形成一个简单时尚的整体造型空间，既满足了电视背景墙的造型需要，与此同时也产生更强烈的美观效果。

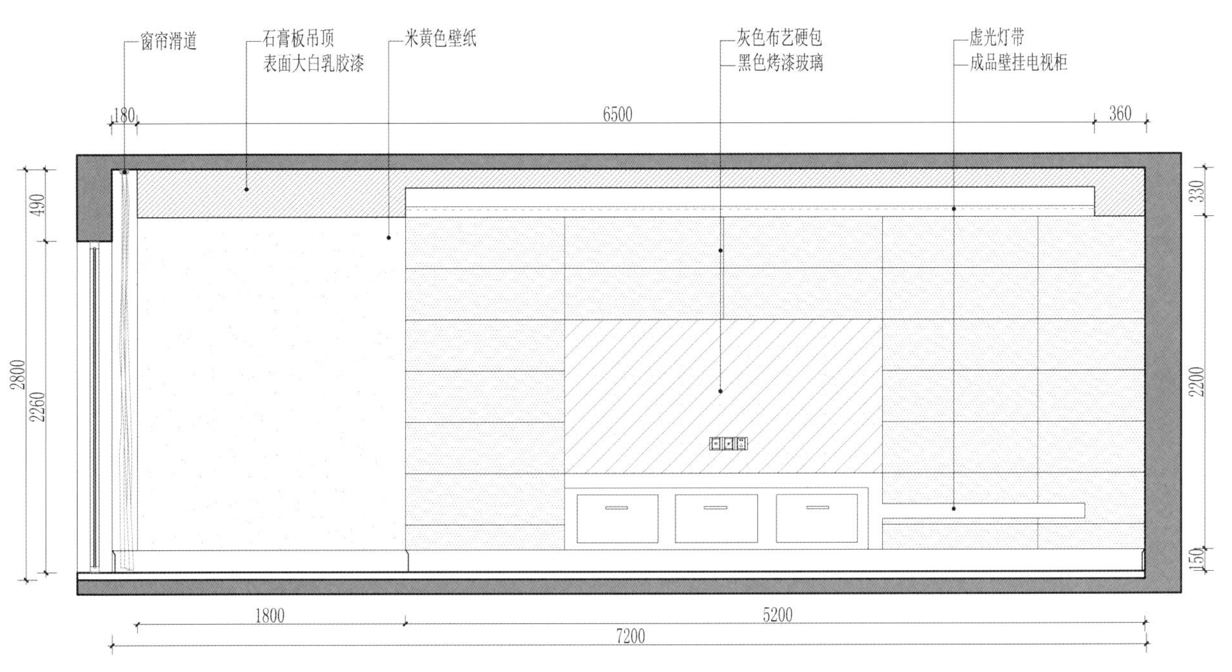

设计要点

此处电视背景墙使用冷灰色的石材，让人有一种静谧、深远之感，感官上会达到电视墙会向后退的效果；根据整体空间和电视背景墙的具体尺寸，分别用横向和纵向按整体墙面比例进行设计切分，形成一个时尚奢华的整体造型，使空间更有静谧、深远之感，从而提升整体感官效果。

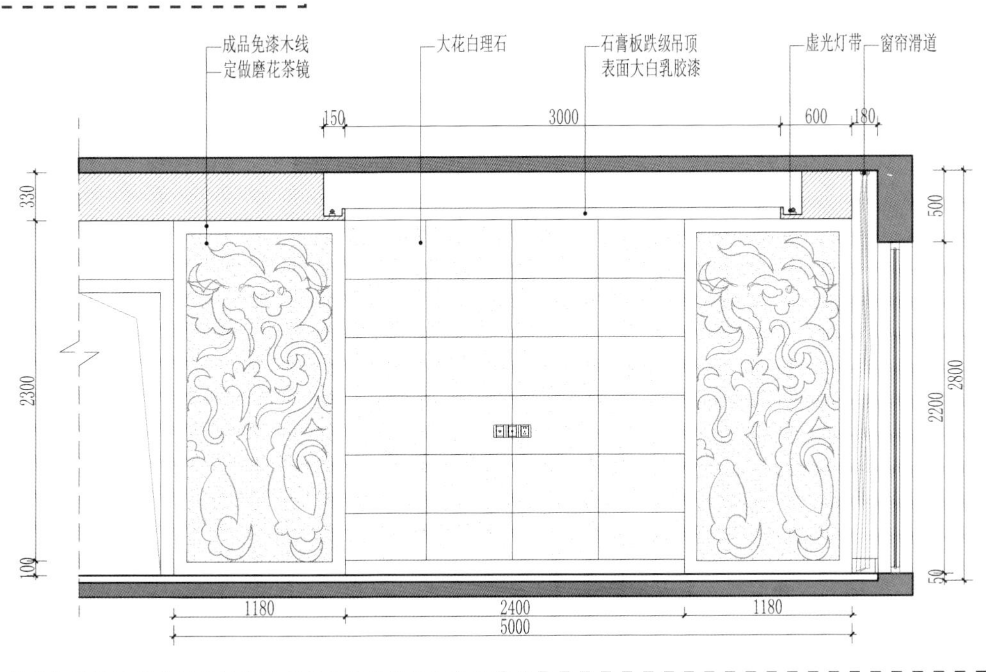

前卫背景墙的灯光营造

利用灯光照明来烘托电视背景墙的氛围是居室设计中一个非常重要的环节。在电视背景墙的照明设计上，一般传统上按种类分为筒灯、射灯、石英灯、斗胆灯、软管霓虹灯带、TC灯带等。如果按光源特性又分为泛光源、面光源、点光源、区域光、线光源等。射灯、石英灯属于点光源，点光源可以用于投射到墙上，局部照明某一处（如背景墙的壁龛、装饰挂画等）；斗胆灯从光源特性上也属于点光源，但是它的光源比射灯类效果更亮、区域更大、光源更柔和，然而由于它的温度高，照明热度大，所以此类灯更多用于空间大、室内层高的展厅产品照明。

值得一提的是，电视背景墙的灯光布置，不仅要多以主要饰面的局部照明来处理，还应与该区域的顶面灯光协调考虑，尤其是灯泡都应尽量隐蔽为妥。电视背景墙的灯光不像餐厅经常需要明亮的光照，照度要求不高，且光线应避免直射电视、音箱和人的脸部。收看电视时，有柔和的反射光作为基本的照明即可。

设计要点

个性简约风格的客厅在注重居室空间的布局与使用功能的完美结合中，最大限度地体现空间与家具饰品的整体协调。在简约的直线造型装饰中突出了结构本身的形式美，天花的虚光灯带烘托出空间的层次感。个性十足的背景墙上，浮雕装饰充分展现了传统元素与现代工艺的融合，在素雅的整体色调中突出了不同材料的质地和色彩的搭配效果，设计感极强。

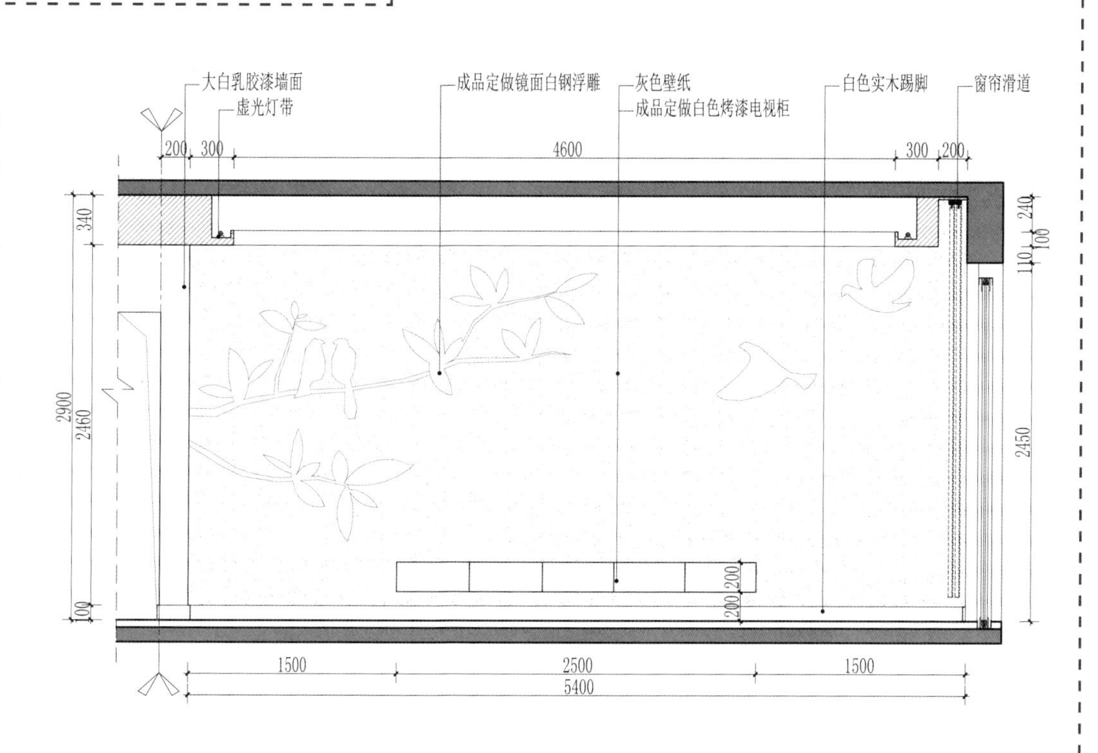

⊙打造前卫的灰调背景墙

低明度的灰调给人以慵懒的情绪，这样不出挑的格调非常适合与其他元素合作，打造出一面个性的背景墙。

一幅清雅幽静的画是灰调背景墙最好的搭配，可以烘托出雅致舒适的氛围，又不失时尚个性的感觉。

是否为了无法搭配好巨幅墙画而苦恼呢？是的，灰色绝对可以低调地伴其左右，将墙画烘托得光彩夺目，灰色也可以恰到好处地调节白墙的单调，让个性的背景墙成为空间的主角。

灰色与白色的组合是简洁明快、给人留下深刻印象的颜色组合，将其运用于电视背景墙，没有喧宾夺主，又表现出个性的气质，是绝佳的电视背景墙的色彩选择。

设计要点

此处电视背景墙运用简洁明快的构成主义设计手法，根据挑空空间和电视背景墙的具体尺寸，分别用彩色面块和黑色分缝进行设计，形成一个时尚的构成主义造型空间，既满足了电视背景墙的造型需要，也增加了挑空空间的视觉效果功能。

设计要点

此处电视背景墙使用条纹暖色壁纸和黑色镜面柜体结合进行整体设计，营造出温馨轻松活跃的空间效果。将现代的时尚与经典的条纹壁纸相结合，打造出集质朴与轻松为一体的生活环境。空间的自由布局，整体利落的设计，展现出主人独特的个人魅力。

设计要点

此处电视背景墙采用内墙装饰板材与石材凸现相结合的方式进行设计。根据整体空间和电视背景墙的具体尺寸，暗黑色的两侧衬托更加凸显中间区域效果，结合白色石材收口，形成一个低调奢华的整体造型，中间采用内墙装饰板材增加漫反射时长，进一步提高观影效果，也增加了空间奢华的整体效果。

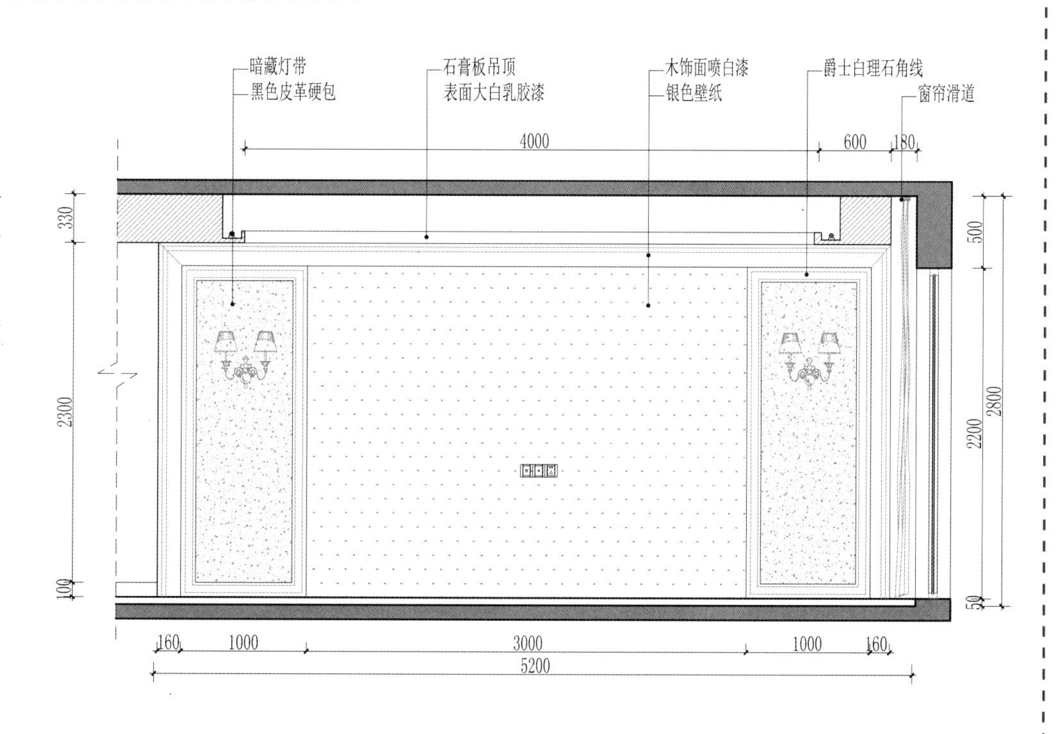

⊙ 显高的背景墙设计方法

现在的居室层高普遍在 2.4m 到 2.6m 之间，相对低矮的举架难免会给人带来压抑之感。但空间的大小、高低是相对于一定的参照物而言的，装修过程中，在设计上运用一些小技巧就可以使层高在视觉上变高、变宽敞。

首先，在客厅沙发背景墙的设计上多运用竖线条、分割线，回避横线条，采用竖线条可以有一种纵向的拉伸感，能使层高在视觉上变高。

第二，在背景墙颜色的选择上，多采用冷色调，冷色给人以宁静、安逸的感觉，把空间粉刷成冷色调，可以令空间有增高、增大感，也可以通过顶面浅色、墙面深色来延伸空间。

第三，在吊顶的处理上，可以让顶棚错落有致、层次分明。顶部可以设计得稍低一些，尽量不做吊顶或者局部吊顶，既能起到划分区域的作用，又能打破一般平顶吊顶的呆板，在设计上弱化背景墙与顶面的界线，扩展居室的视觉感。

最后，在灯光上进行处理，利用背景墙顶部的灯光光感使人的视觉感向上，增加客厅的视觉高度。

设计要点

此处电视背景墙采用内墙装饰板材与木材相结合的方式进行设计，木质材料会给人温馨、典雅的视觉效果；根据整体空间和电视背景墙的具体尺寸，在两侧木质的衬托下，更加凸显中间区域温暖、典雅的氛围效果，中间区域加入金色古典符号进行细节设计，进一步提高整体空间典雅的效果，也增加了空间奢华的效果。

设计要点

此处电视背景墙采用软包形式，起到了隔音、美观的效果。它所使用的材料质地柔软，色彩奢华，能够调整整体空间氛围，其纵深的立体感亦能提升整体效果。除了美化空间的作用外，更重要的是它具有阻燃、吸音、隔音、防潮、防霉、抗菌、防水、防污、防静电等功能。施工工艺先用基层板铺设，然后上面加一层3~5cm厚的垫，再用人造皮革或者真皮饰(包)面，使空间更优雅，在视觉上提升整体效果。

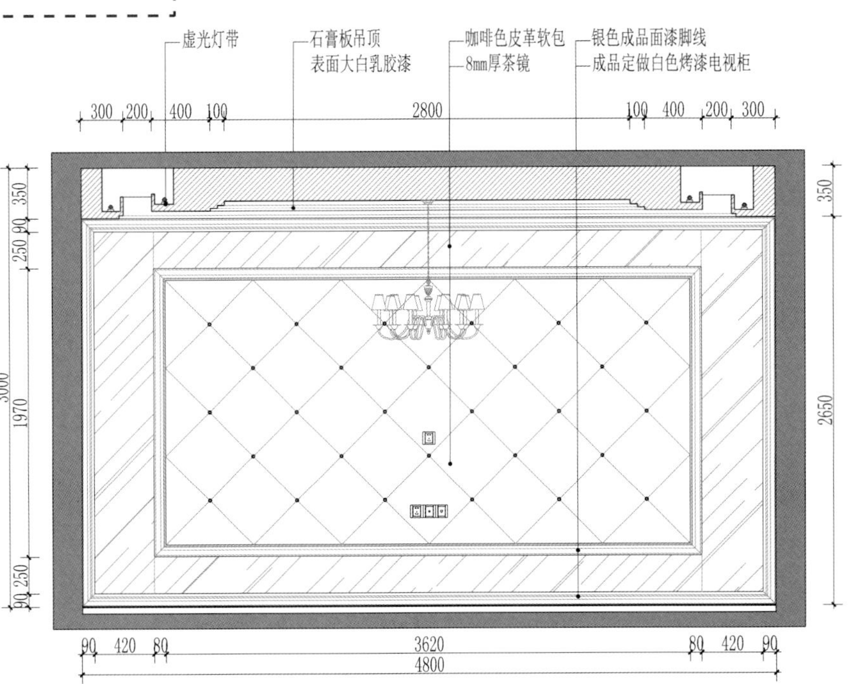

玻璃电视背景墙选材小贴士

玻璃电视背景墙具有个性大方的特点，而且还防潮、防霉、耐热、易于打理。但是在施工的时候，一定要保证玻璃牢固不松动，因为玻璃极容易破碎，所以在考虑美观的同时，一定要确保其安全性，最好选用安全玻璃。目前国内的安全玻璃有钢化玻璃和夹层玻璃。运用于电视背景墙的玻璃厚度应该符合以下标准：钢化玻璃的厚度不小于 5mm，夹层玻璃厚度不小于 6mm。对于无框玻璃，应使用厚度不小于 10mm 的钢化玻璃。另外，玻璃底部与槽底空隙要不少于两块 PVC 支撑块的支撑，支撑块长度不小于 10mm。

设计要点

此处电视背景墙采用简约的墙橱柜，加入横向隔板设计，装饰的同时也具有高效利用率。根据整体空间和电视背景墙的具体尺寸，分别用横向、纵向按构成比例的设计形式进行设计切分，形成一个简洁和谐的整体设计效果，既满足了电视背景墙的造型需要，也增加了空间储物收纳功能，使空间更活跃，且具静态美感。

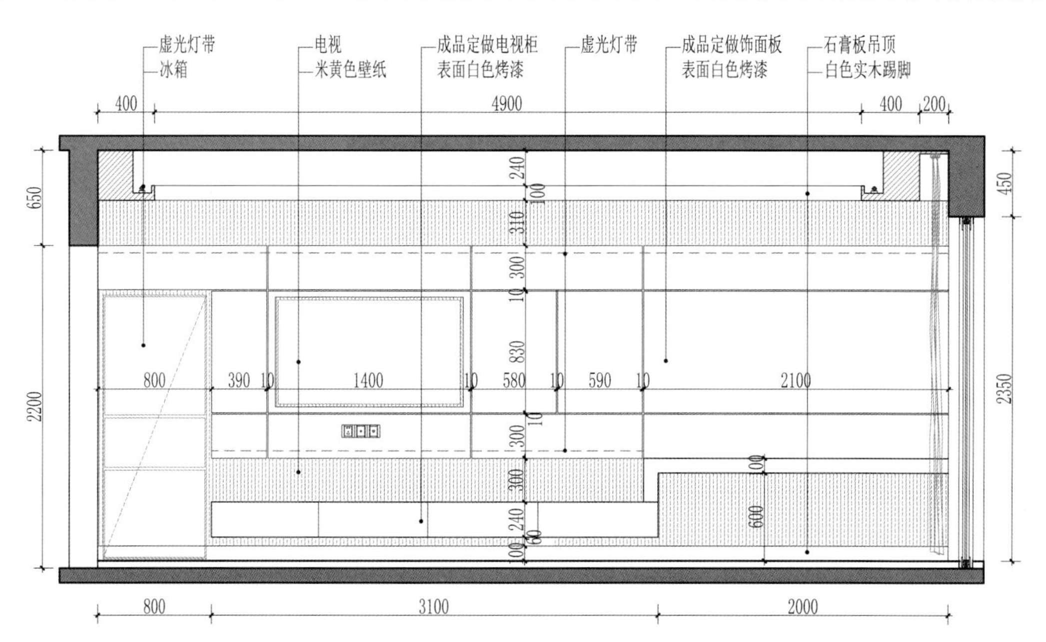

设计要点

此处电视背景墙采用了内墙装饰板材和半透明装饰镜面相结合的设计手法，两侧用半透明装饰镜面作修饰，中间区域则使用白色内墙装饰板材的方式来从效果上起到扩展空间的作用。采用了很有动感的半透明装饰镜面空间设计，在视觉上产生更强烈的通透空间的效果。结合白色板材的设计，让空间更加大气时尚，有空间通透感。

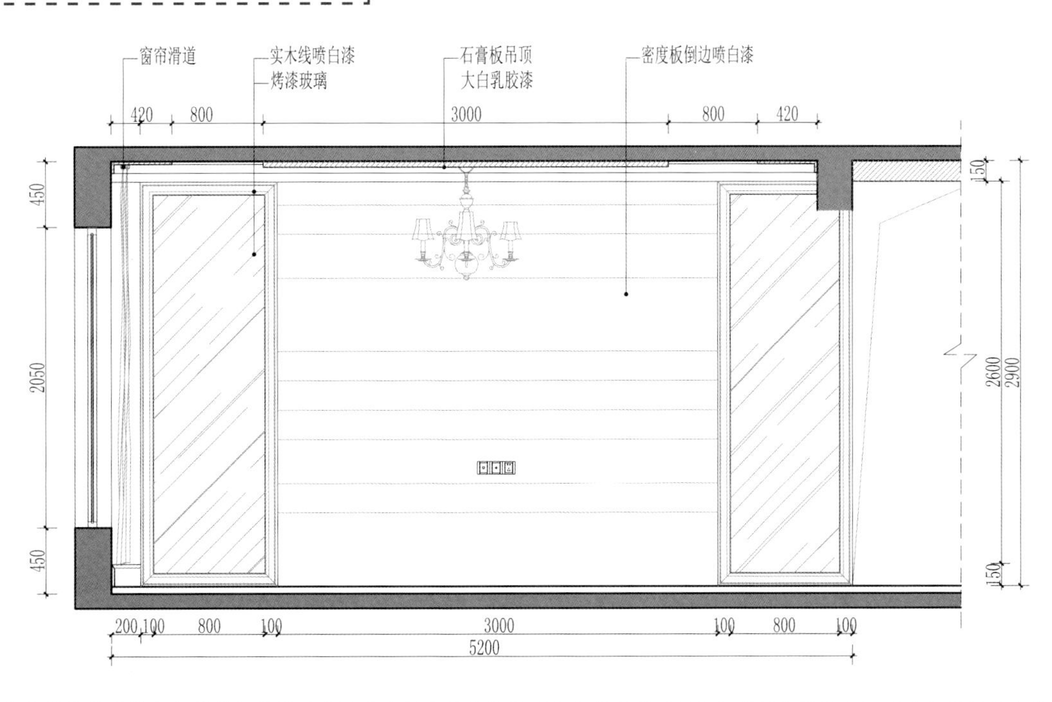

家居亮点设计——马赛克

马赛克源于古希腊，与其说马赛克是一种家庭装饰，不如称之为“镶嵌艺术”。马赛克以其五彩斑斓、变化多端深受装修业主喜爱，可简约，可奢华，可独特，可低调，为家居添加无限的精彩。

古希腊人将黑色与白色的大理石马赛克组合起来，以彰显富有与权贵。如今，黑白相间的马赛克搭配，是永恒的经典组合，无论运用于卫浴空间，还是餐厅背景墙，都是亮点所在，内敛而不失流畅。

蓝白相间的马赛克组合，是诠释地中海风格的最佳形式，宛如蓝天白云，这种纯粹的色彩组合形成清新素雅的美感，给人以别有洞天的惊喜之感。

纯色的马赛克亦可给人以热情绚烂的感觉，随心所欲的设计以质感明快而捕获人心；马赛克亦可拼出喜爱的图案，如大面积的花朵、自创装饰画，甚至是主人的照片，都可以用马赛克的形式表现出来，体现十足的个性感。

设计要点

此处电视背景墙使用收纳功能强大的墙橱柜，隐式的柜门设计，传统背景墙是无法相比的。根据整体空间和电视背景墙的具体尺寸，分别进行设计切分，形成一个简单时尚的整体造型，既满足了电视背景墙的造型需要，也增加了空间储物收纳功能，使空间更活跃，在延伸空间视觉上提升整体效果。

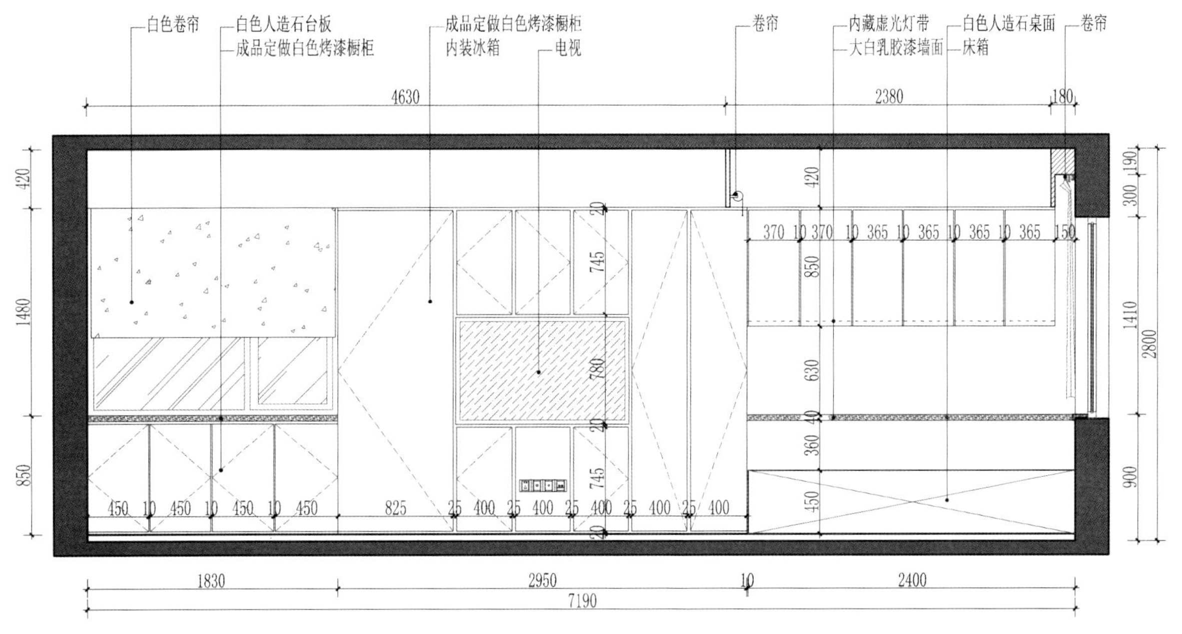

设计要点

此处电视背景墙使用黑白空间设计，现代感超越传统背景墙。根据整体空间和电视背景墙的具体尺寸，加入现代简约壁炉的装饰，形成一个时尚个性的整体造型。温暖现代的壁炉设计，搁架上摆满了各种提升文艺小情怀的装饰，浓郁的时尚个性气氛在客厅中蔓延。

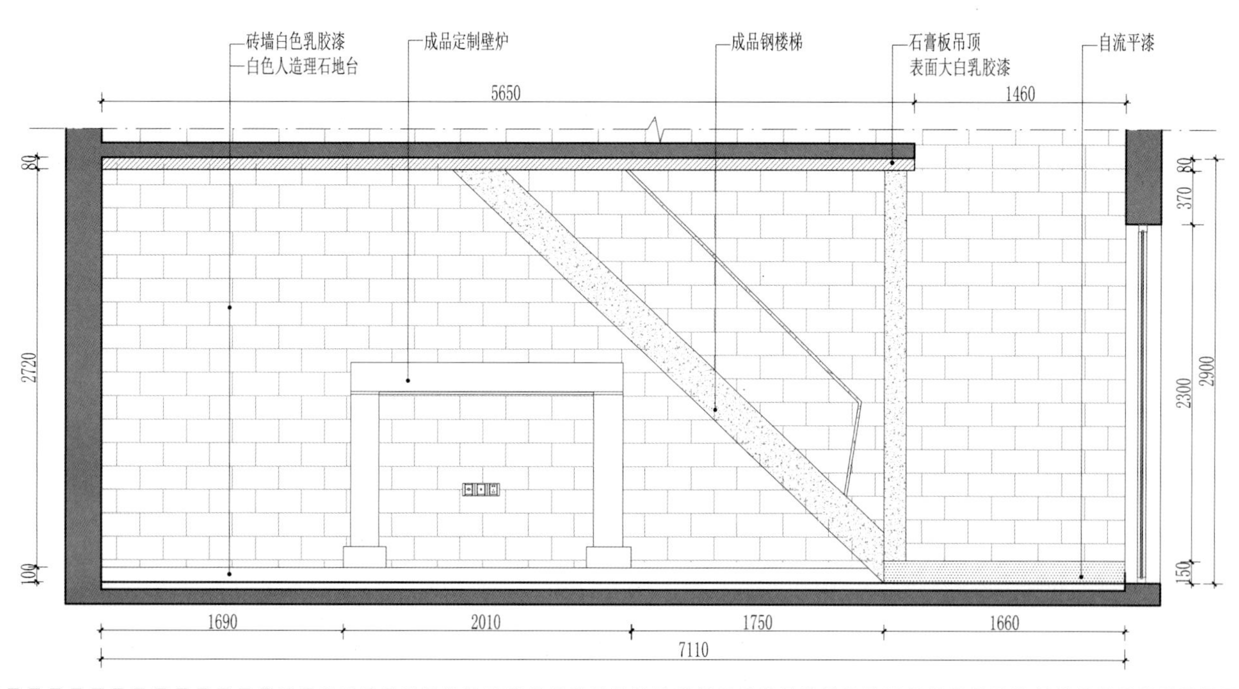

独一无二的个性背景墙——墙面彩绘

手绘背景墙是近年来家居装饰的流行潮流，相比于墙纸或者其他装饰材料，手绘背景墙的花费少，但是效果却十分精彩生动。专业的手绘背景墙采用环保的绘画材料，根据家居空间的装饰风格、色彩搭配以及主人喜好，在墙面上绘制出生动的画面，犹如将一幅幅栩栩如生的画面定格在墙壁上。手绘沙发背景墙不但具有很好的装饰效果，独有的画面感也能体现居家主人的时尚品位。手绘作品的每一笔、每一种色彩都是独一无二的，手绘背景墙应避免出现墙面泛滥、图案重复的问题，一般要在绘制前根据空间的大小、整体色调、家具等来设计墙面彩绘的大小、造型、图案、色彩等，才能个性而和谐。

设计要点

此处电视背景墙采用壁纸与马赛克相结合的方式进行设计，壁纸会给人时尚、典雅的视觉效果；根据整体空间和电视背景墙的具体尺寸，在马赛克的两侧衬托下，更加凸显中间区域时尚、典雅的氛围。精雕细琢的电视背景墙，融入了现代元素，让整体效果更加简约、时尚、大气，更加迷人。

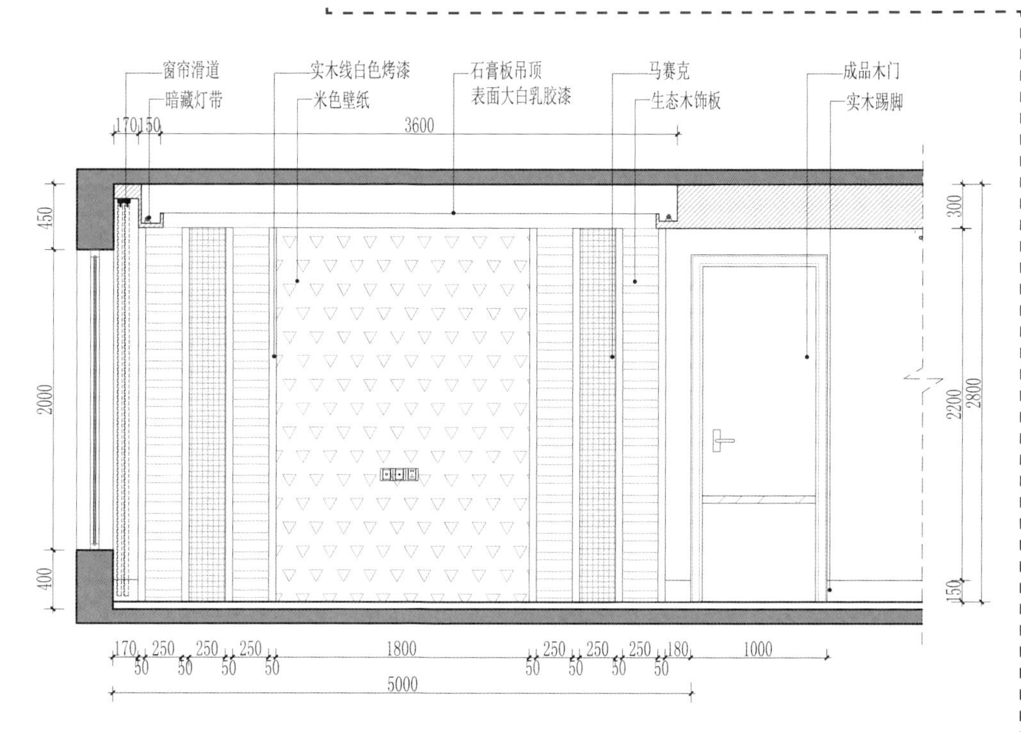

如何协调手绘背景墙与家具的关系

沙发、茶几、电视以及电视柜是客厅的主要家具家电，而客厅的设计多体现在电视所背靠的电视背景墙，很多人选择在这面墙上绘制个性的手绘背景墙，也可以在沙发背景墙上进行绘制，但是在绘制的时候，应该考虑家具的样式，中式家具适合搭配具有中国风格元素的图案或者绘画，如传统的梅兰竹菊；现代风格的家具可以考虑选择一些卡通人物或者抽象的图案，也可以选择一些藤蔓类的花纹等。

其实，手绘背景墙也不局限于电视背景墙或者沙发背景墙，随意放在哪里都可以成为家居空间的亮点，但是要注意与家具和周围环境进行配合、点缀，使得整体空间充满个性又不失整体统一。

设计要点

纯净的色彩、纯净的感受，时尚、深邃、怀旧，黑白色调代表了永恒的经典。褪去了缤纷的色彩将简约化身为一种低调的奢华，平静不是深刻，纯粹让居室历久弥新。本案中黑白条纹的布艺沙发与简欧风格的水晶吊灯彰显了时尚与奢华的气息。沙发背景复古花纹壁纸与透明印花布艺隔断，虚实结合的设置让空间在精神层面上有了等高的品位与追求。

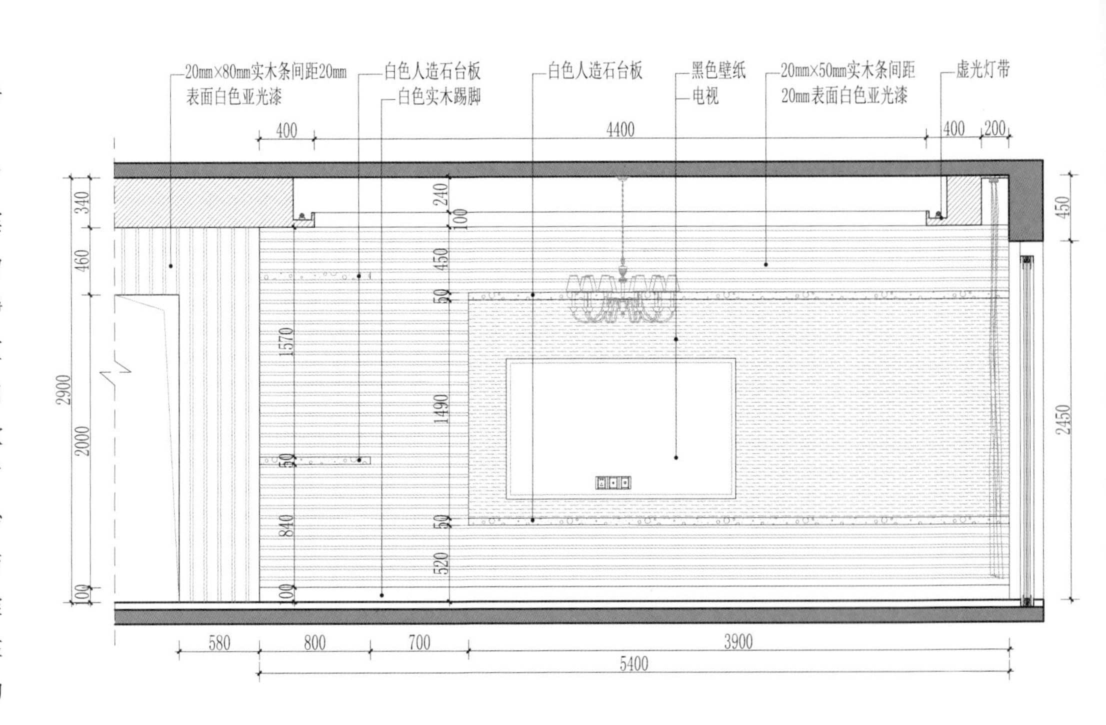

设计要点

此处电视背景墙分为两层，采用整体硬包的装饰方式增加空间整体协调性，底部则运用小部分条状空间采用镂空设计，增加整体空间呼吸性，有画龙点睛之意。根据整体空间和电视背景墙的具体尺寸，用宽缝收边的形式进行设计，形成一个奢华时尚的整体造型空间，与此同时产生更强烈的细节观赏效果。

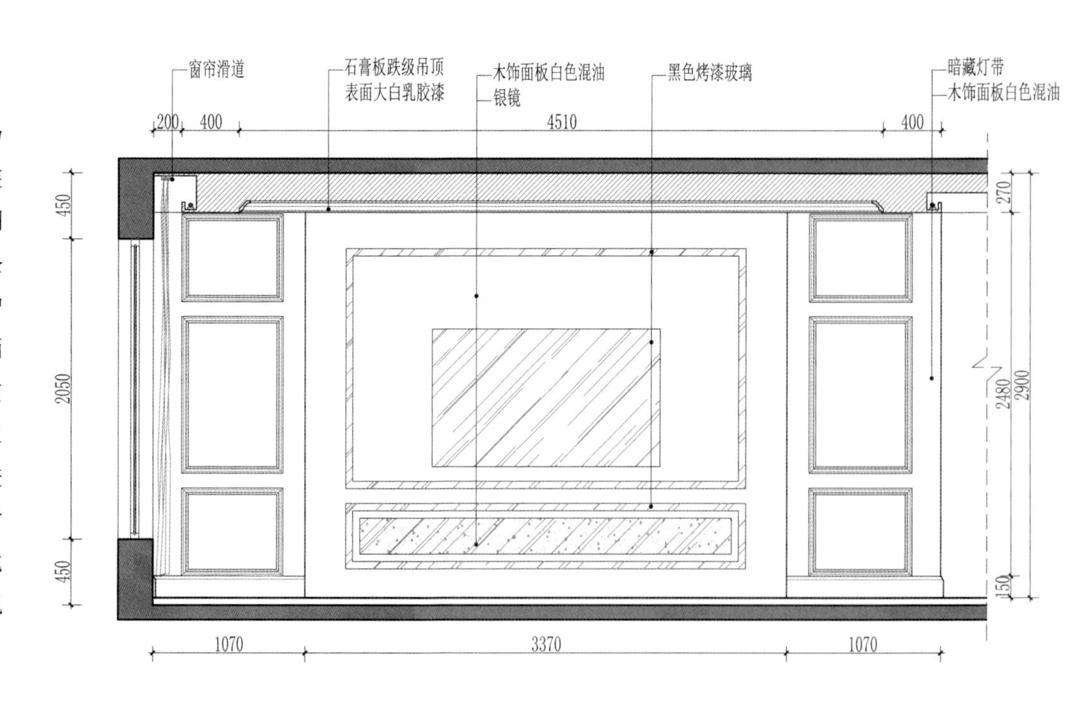

前卫沙发背景墙的设计要点

沙发背景墙是客厅中除了电视背景墙外最引人注目的一面墙，在沙发背景墙上，可采用各种设计手法突出主人的个性和品位，但是在设计风格上宜与电视背景墙和谐一致。

设计沙发背景墙时，首先要围绕一个中心，在位置和尺度上考虑具备通风、光照的朝向方位和宽敞自如的空间条件。而且还要考虑家庭的结构，家庭成员的年龄、社会状态、生活习惯及个人喜好等多种因素，使功能形式、陈设构成、空间区划等能达到物尽人意、宽舒适宜的效果。

设计师还要看整体风格，沙发背景墙对整个室内的装饰及家具起到衬托的作用，装饰不能过多过滥，应该以简洁为好，而且色调要明亮一些。简约的沙发背景墙设计要线条简练、造型整洁、删繁就简，从务实的目的出发，不盲目跟风，要在满足功能需求的前提下，将背景墙实用而又时尚的简约风格与主人独立的个性融合在一起，打造专属的品质生活。

利用灯光渲染沙发背景墙可以使背景墙更加艳丽多姿、光彩夺目，同时也能使背景墙风格感更加浓烈。家居的装修之美，在一定程度上依靠光线修饰，沙发背景墙的灯光布置多以局部照明为主，光线设计要避免直射人的面部。

前卫风格的沙发背景墙设计，在墙面搭配某种标示或者符号，如挂画、挂饰等，可以起到画龙点睛的作用。

如何选择前卫的墙漆色

墙漆如何选择、如何配色才能让空间感觉和谐呢？首先，中意一种颜色的时候，要在色卡上选择淡两阶的颜色，因为大面积使用会增强颜色感，显得更重；其次，选择颜色的时候最好在阳光和灯光下进行选择，不经过对比，刷上墙后可能并非是想象中的那种效果；第三，有色墙面的面积要小一些，点缀效果比较容易接受，尤其是明亮度较高的色彩，大面积使用很可能因为搭配不当而得不偿失，但是若对色彩和家居搭配十分在行，大面积的色彩时尚且别具一格；最后，墙漆颜色不要多，色彩可以通过后期装饰品来补充，墙体颜色一两种足矣。

设计要点

此处沙发背景墙主要分为壁纸和装饰镜面两个主要材料，两侧采用暗黑色壁纸作修饰，中间区域则运用白色现代装饰与反光镜相结合的方式来进行扩展空间。采用了很有动感的镜面空间设计，视觉上产生更强烈的对比效果。结合镜面的设计，让空间更加大气，增加现代的空间立体感。

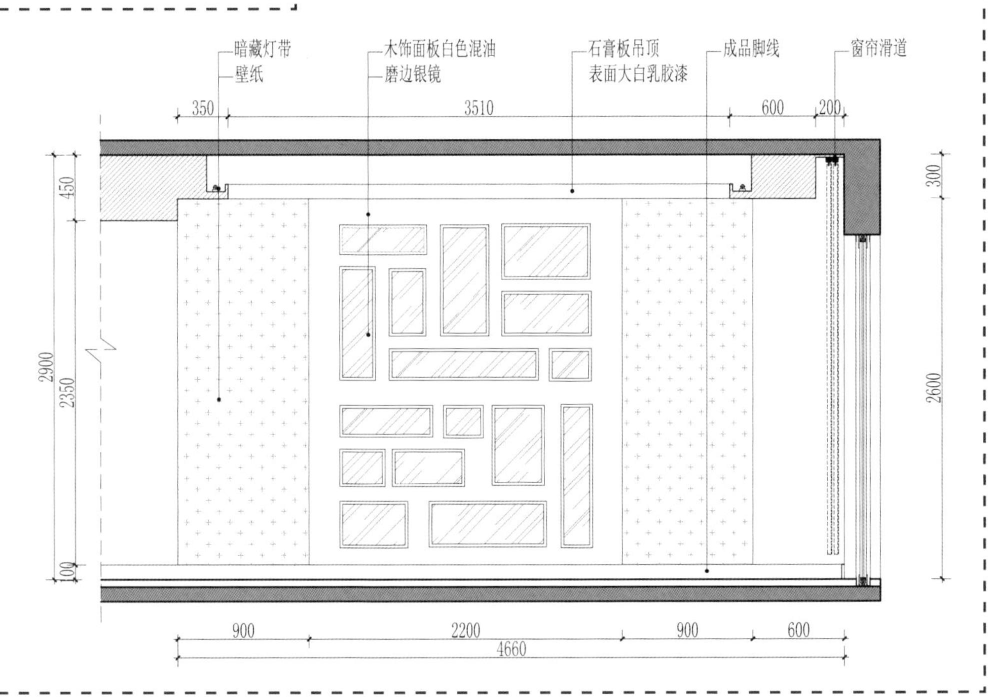

镜面背景墙的个性搭配

镜面与软包的搭配：软包是一种温馨的墙面装饰材料，质地柔软、色彩柔和，能够柔化整体空间的氛围，其纵深的立体感能够使家居氛围更加舒适，同时也能够提升整体空间的档次。镜面的装饰性不言而喻，在带给空间灵动多变的装饰氛围的同时，亦能够使过于稳定的软包变得俏丽多姿，将镜面与软包搭配在一起，是一种烂漫活泼的精彩混搭，这种搭配方式比较适合前卫的家居业主。

镜面与壁纸的搭配：壁纸花色繁多，镜面精彩多样，这两种装饰材料结合在一起，除了要考虑本身颜色的搭配外，还要考虑居室家具以及整体风格的协调，如果是茶色的镜面，就不要选择过于暗淡的壁纸，花纹要选择淡雅的颜色为好。

镜面与木材的搭配：木材具有天然的质朴气质，与镜面相搭配能够给人以愉悦和放松的感觉，这两种材料结合在一起具有舒适的田园气息，喜欢乡村风格的业主可以尝试用这种搭配来装点背景墙。

设计要点

此处沙发背景墙主要分为壁纸和线条两个主要材料，四周采用白色线条作装饰，中间区域则运用暖色壁纸装饰来进行扩展空间设计。采用了大气的空间设计，让人在视觉上产生强烈的效果。质感细腻却不显得繁复沉重，让空间更加大气，增加空间细腻感。

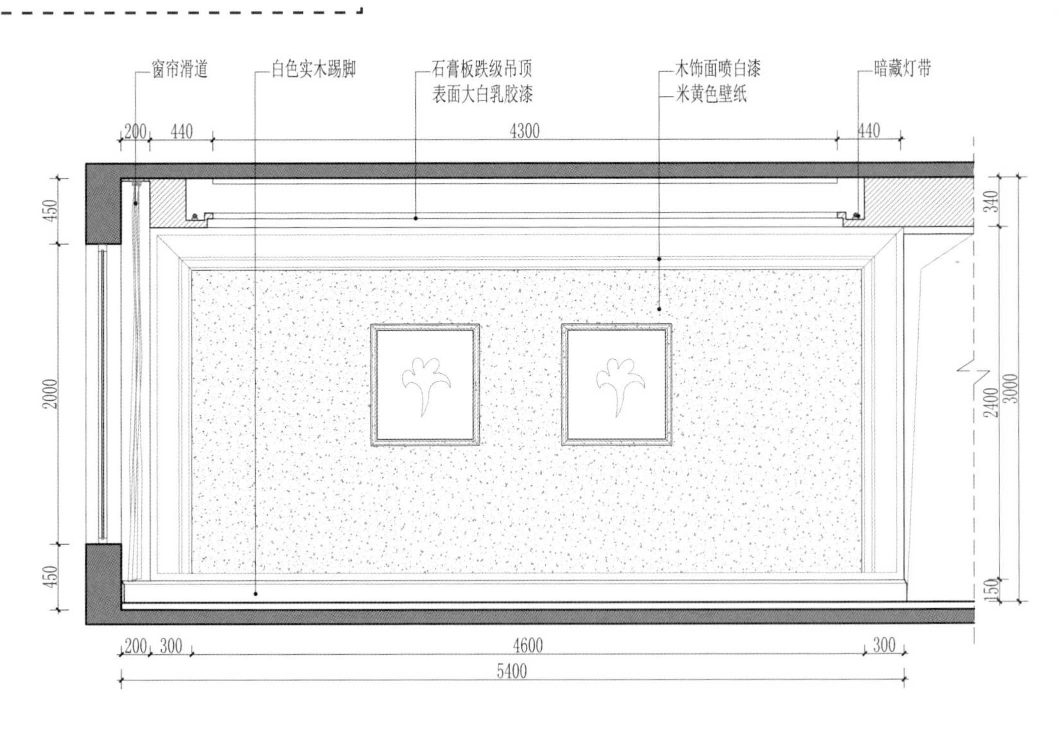

文化石选购大揭秘

文化石的个性感不言而喻，采用纹理粗糙的石头镶嵌，散发出一种源于自然的魅力。从功能上来剖析，文化石可以吸音，可以避免音响对其他家居空间的影响。那么，在文化石的选购上，又有哪些需要消费者注意的呢？首先，文化石分为天然文化石和人造文化石，天然文化石由于资源的稀缺，价格略高于人造文化石，但是若想选购天然文化石，一定要确认其是否有辐射问题；其次，要目视产品的色泽，挑选表面无塑料胶质感、板材反面无细小气孔的文化石；第三，要闻是否有刺激性气味，有气味的文化石慎重选购；第四，试着用指甲划板材表面来判断硬度，尽量挑选无划痕的产品；最后，一定要查看产品的 ISO 质量体系认证、质检报告、质保卡等相关标识。

PEARL HARBOR

设计要点

波斯异域风情客厅，整体空间色调以鲜艳绚丽的红色、黄色、蓝色为基调，通过复古的花纹图案突出异域特色，空间造型简洁，重点利用具有波斯文化特色的传统手工艺制品和布艺制品软装饰丰富空间层次。

设计要点

此处沙发背景墙主要采用黑镜进行背景墙设计，从效果上起到了扩展空间的作用，使用银色反光材料进行纵向分割点缀的装饰手法增加空间设计感。根据整体空间和电视背景墙的具体尺寸，分别用横向、纵向切分的形式进行设计切分，形成一个极具韵味的整体造型空间，同时给人以舒适大气的感觉。

餐厅背景墙的灯光设计

在设计餐厅吊顶时还要注意掌握好色调。在餐厅吊顶选色时，最好不要选择太深的颜色，如果吊顶的颜色比地板还深，会给人头重脚轻的感觉，这样就显得不协调了。通常餐厅吊顶的颜色可以使用白色，而地面选用方格复古颜色拼花，中间使用绿色来进行过渡，这样的餐厅装饰搭配，会让空间看起来很有生机。

餐厅吊顶还需要讲究风格统一，既要讲究个性，也要追求整体风格的统一协调。在设计吊顶的时候，可以将餐厅的吊顶和客厅的吊顶结合起来考虑。如果客厅选择的是白色灯槽加灯带设计，那么在设计餐厅吊顶的时候，我们也可以延续客厅吊顶特点，选择相同的餐厅吊顶。

⊙手绘墙画的施工步骤

第一步，墙面处理。墙面的基层处理对于手绘墙画来说十分重要，一般是在刷好乳胶漆的墙面上施工，所以，墙面找平、刷底漆、墙绘图案等要事前做好准备。

第二步，打底稿。可模拟已有图案，无论简单或是复杂，建议先用粉笔或者铅笔在墙面打草稿，力度不宜过大，以免刮伤墙面，底稿满意后方可上色。

第三步，配颜料。对照图案效果购买颜料，可把色板或涂料样品带回家，分别在自然光线和夜晚灯光下观察涂料的颜色，涂料不可过稀，否则在墙面容易产生流痕。

第四步，准备上色。首先在涂鸦的墙面铺贴报纸，以免弄脏地面，手绘色彩单纯的图案时，先在薄而吸水性好的纸上画好轮廓，然后将其剪下来，放在墙面相对应的位置，用拓印的方式着色。丙烯颜料在作画的时候，如果发现有错误，可以拿湿抹布擦掉后重新作画，但是乳胶漆不能擦掉。

第五步，上涂料。要根据图案的线条粗细和上颜色的面积选择使用大、中、小号的毛笔或者排笔，然后根据个人习惯上涂料即可。

第六步，后续维护。画完后要通风，待墙面干透后才可以触碰，虽然丙烯颜料干后防水、防刮，但是用力擦拭也会掉色。

超前卫的背景墙元素推荐

动物元素：将动物元素融入家居设计中可追溯到 3000 年前的古埃及人，他们将床安放在雕刻着牛腿、羚羊蹄或者狮子脚造型的架子上。如今，将丰富的色彩与动物造型的结合运用到背景墙的设计上，实属张扬，这种生动活泼的设计手法，展示出野性与自由的格调。

手工元素：将想法 DIY 出来，那一定是独一无二的装饰品，可以是一盏灯，可以是一幅画，还可以是铁艺挂件，也可以是一幅大的泼墨墙画，多么让人耳目一新的创意啊！

镜面元素：镜子是一件十分神秘的物件，从视觉上改变本来固定的空间，扩大视觉性的同时，增加了趣味感。

设计要点

此处背景墙使用简约的黑白色彩对比的设计手法，加入纵向黑色条状元素，是有着装饰性的背景墙。根据整体空间和电视背景墙的具体尺寸，用纵向按构成比例的设计形式进行设计切分，形成一个简洁明快的整体设计效果。

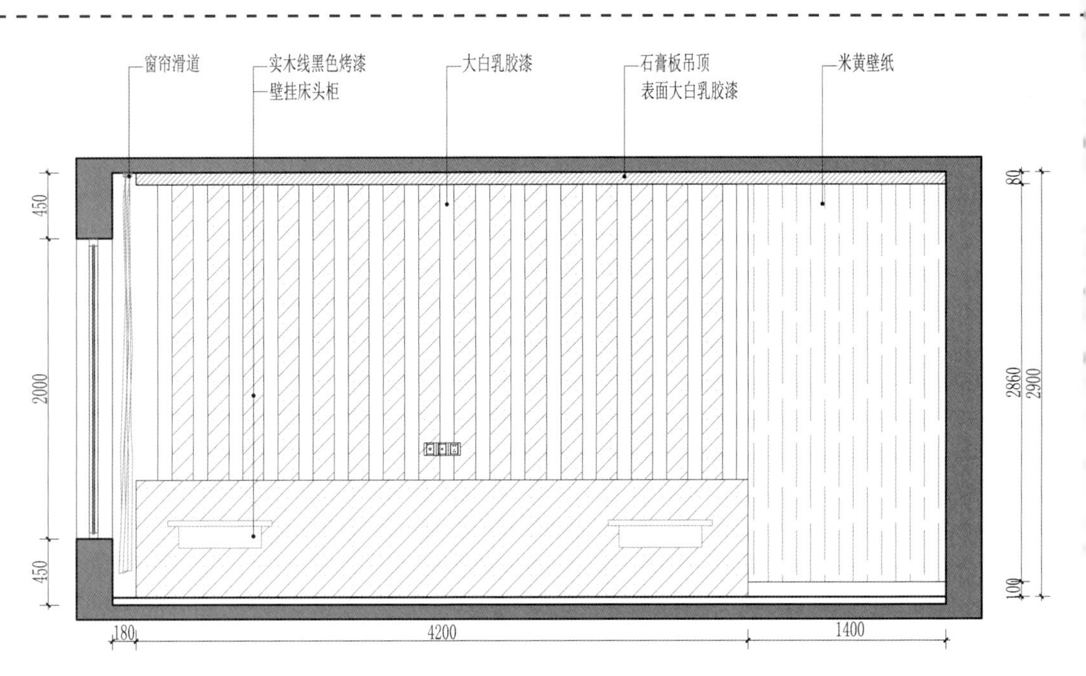

⊙ 背景墙布置中容易致癌的污染物

甲醛：目前，多种人造板材、胶粘剂、墙纸等中都含有甲醛，甲醛是世界上公认的潜在致癌物，它刺激眼睛和呼吸道黏膜，最终造成免疫功能异常、肝损伤、肺损伤及神经中枢系统受到影响，而且还能致使胎儿畸形。

苯：苯主要来源于胶、漆、涂料和黏合剂，是强烈的致癌物。人在短时间内吸收高浓度的苯，会出现中枢神经系统麻醉的症状，轻者头晕、头疼、恶心、乏力、意识模糊，重者会出现昏迷甚至呼吸循环衰竭而致死。

氡：装修中的放射性物质主要是氡，一般来说，建筑材料是室内氡最主要的来源，如花岗岩、瓷砖、石膏等。与其他有毒气体不同的是，氡看不见、闻不到，即使在氡浓度很高的环境中，人们对它也是毫无感觉，然而氡对人体的危害却是终身的，它是导致肺癌的第二大因素。

这些污染物广泛存在于各类家具和装修材料中，为健康着想，我们一定要选购环保材料，避免使用劣质家具和材料。

设计要点

清雅的灰白色调，给人以清爽安静的感觉。本案卧室背景墙以壁布软包与银镜结合采用现代感十足的不规则几何造型，用质感与线条的对比展示动态中平衡的美感，地面深浅灰色拼花木地板搭配柔软的羊毛地毯，柔化了居室冰冷的质感，让幽静雅致的空间有了温馨而舒适的氛围。

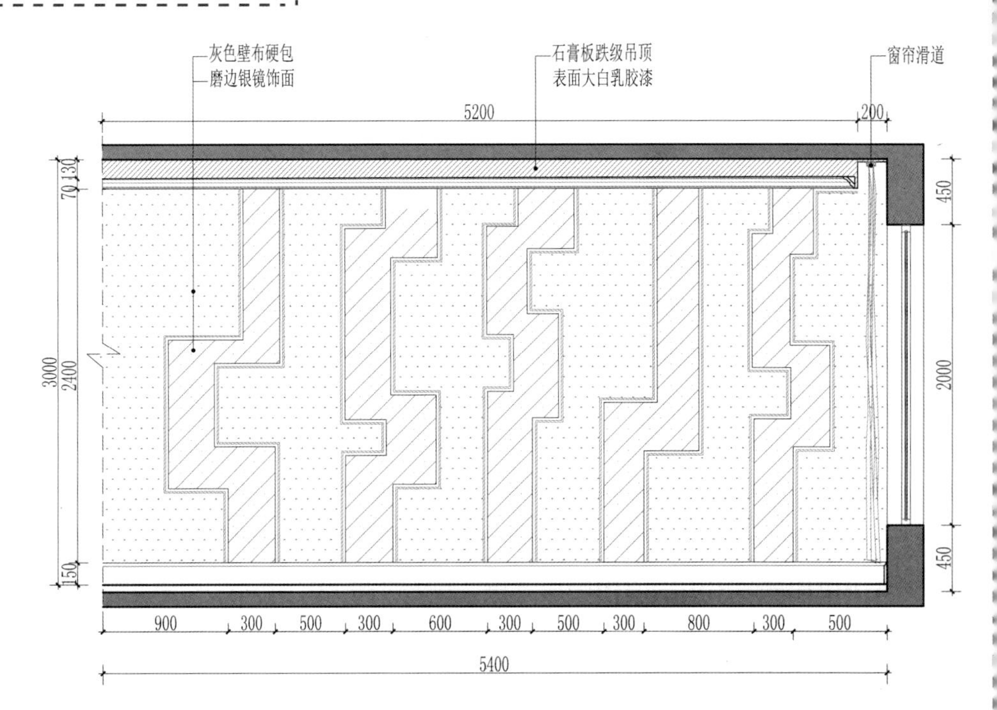

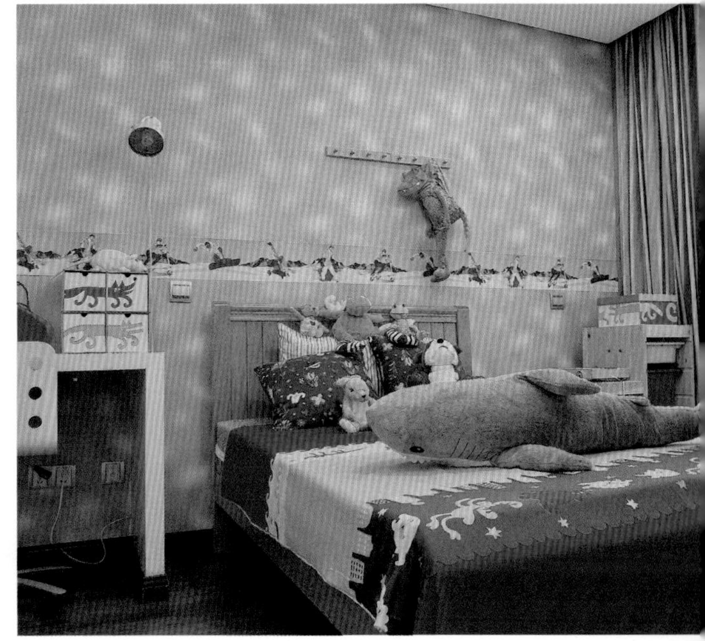

设计要点

蓝色的背景墙设计让人可以恢复心绪的平静，尤其是在夜晚，昏黄的灯光映在上面，可以产生安眠的效果，树枝元素的设计让背景墙更加丰富多彩。此卧室设计整体感觉整洁明快，是适合客卧或者儿童房的设计。

设计要点

此处主卧背景墙主要分为石材和少量壁纸两种材料，整体采用浅色石材作主要装饰设计，少量壁纸配合光源点缀背景墙，采用大气的设计，让人在感官上产生温馨舒适的效果。质感细腻却不显得繁复沉重，让空间更加大气，增加空间和谐感。

前卫壁挂饰品的选择要素

为不同的家居空间作装饰，也许只是想点缀一下墙面即可，那么，装饰画、手绘墙、CD 墙、照片墙、海报墙等主题都是简单易行的选择，我们不需要像设计师一样综合地考虑居室功能、空间氛围，而只是自己喜欢就好，或者选择一款别致的窗帘，把窗帘拉上，就是一幅美丽的背景墙。墙面艺术品的布置主要有以下几种：

1. 艺术品的种类：艺术品的种类应与整个客厅的装修风格一致，这样才能营造一个整体的氛围，增强客厅的舒适度和协调感。

2. 艺术品的尺寸：艺术品的尺寸和墙面的高低大小应和谐，如果是中国画，立轴之长应不越过后面高度的三分之二；如果是西洋画，画框最大不超过墙面的二分之一。

3. 艺术品主色的选择：艺术品的主色应与墙面底色、朝向（光线因素）等有关，特别是光线效果尽量取最佳位置。

设计要点

整个空间以华丽的装饰、浓烈的色彩、精美的造型，营造出时尚奢华的居室装饰效果。条纹以巧妙的方式打造令人惊艳的背景墙，经典的黑白与大红碰撞，给人强烈的视觉冲击，打破了理性的宁静与和谐，强调激情与华丽。家具、灯具、布艺、床品与装修风格相呼应，具有浓郁的浪漫主义色彩。卫生间与卧室的空间划分采用了透明钢化玻璃和白色纱帘，凸显了空间的层次感和戏剧性。

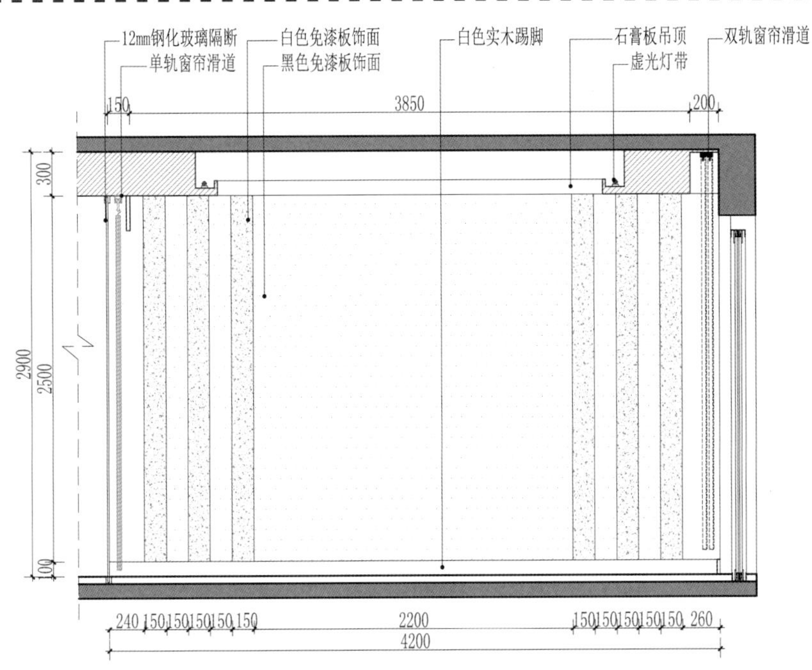

家居镜面的分类与运用

闪亮的镜面设计既可以让家居空间通透明亮，又可以增加奢华前卫的感觉。目前，常用于家庭装修的镜面有银镜、茶镜、黑镜以及灰镜。

银镜：即常见的镜面玻璃，在玻璃表面镀银的镜子。银镜不仅具备装饰功能，而且有强大的实用性，尤其在浴室、衣帽间等空间，可以说是必备物件。在玄关空间设计银镜面，是设计师很常用的手法，因为大多数空间都属于暗室，设计一面银镜，可折射其他空间的光线于此，并且方便主人在出门前整理仪容。

茶镜：茶镜是茶色的烤漆玻璃，因其颜色泛金色，所以十分华贵大气，不同于其他金色材质的装饰主材，茶镜具备较强的反光度，奢华而沉闷，晶莹通透。而且，其他的镜面都属于冷色系，只有茶镜是暖色系，所以整体空间为暖色系的话，应选用茶镜搭配。但是，需要注意的是，茶镜不适宜大面积使用，与其他材质搭配最好，如大理石、软包等。

黑镜：黑镜是黑色的烤漆玻璃。黑镜具备高贵与神秘的气质，搭配个性时尚风格的家居设计十分恰当，尤其是将其运用于电视背景墙、沙发背景墙、餐厅背景墙等墙面，十分炫酷。近些年来，黑镜吊顶也越发流行起来，彰显硬朗独特的气质，在安装时一定要运用不锈钢镜钉或者做明框加固，才能相对安全可靠。

灰镜：灰镜属色镜行列，比黑镜更加柔和，具备内敛低调的气质。在墙面的装饰上，欲大面积使用镜面装饰，灰镜是最好的选择。

设计要点

此处背景墙主要分为软包和装饰镜面两个主要材料，采用金色横向和纵向装饰条作修饰，装饰镜面则运用反光镜的方式来进行扩展空间，营造更加迷人、优雅的氛围。采用很有动感的镜面空间设计，在视觉上产生更强烈的现代时尚效果。

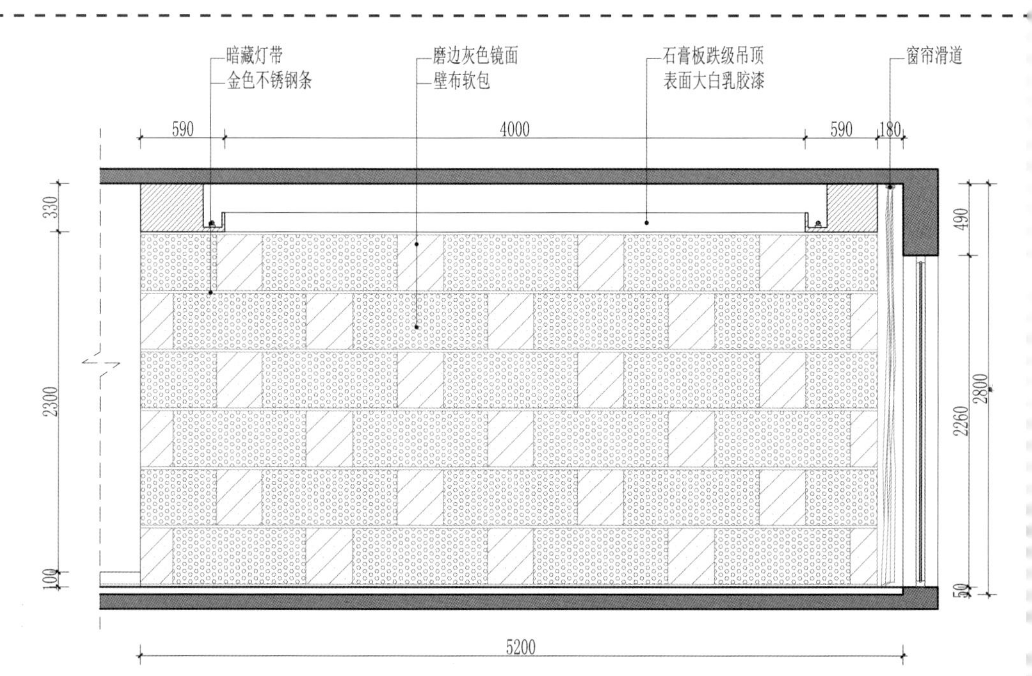

设计要点

卧室作为私密休息空间，在设计上要重点考虑其功能性和舒适性，一般采用暖色或中性色调，灯光以温馨柔和的暖色为基调，床头以台灯或壁灯点缀，造型与装饰材料尽量简洁、淡雅、稳重。另外，在卧室中床品、窗帘布艺占据了大部分空间，所以卧室布艺的选择也非常重要。本案中皮革硬包墙面以白钢框装饰的床头背景墙设计，突出了沉稳硬朗的个性，而米黄色的壁纸与深咖啡皮革给卧室增添了温馨宁静的色彩。背景墙皮革硬包的施工流程为：墙面基层水泥砂浆找平完成后，按造型设计在墙面吊直弹线，计算用料（基层板、皮革布料），基层板切割倒边，粘贴面料后安装固定，最后安装贴脸或装饰边线。

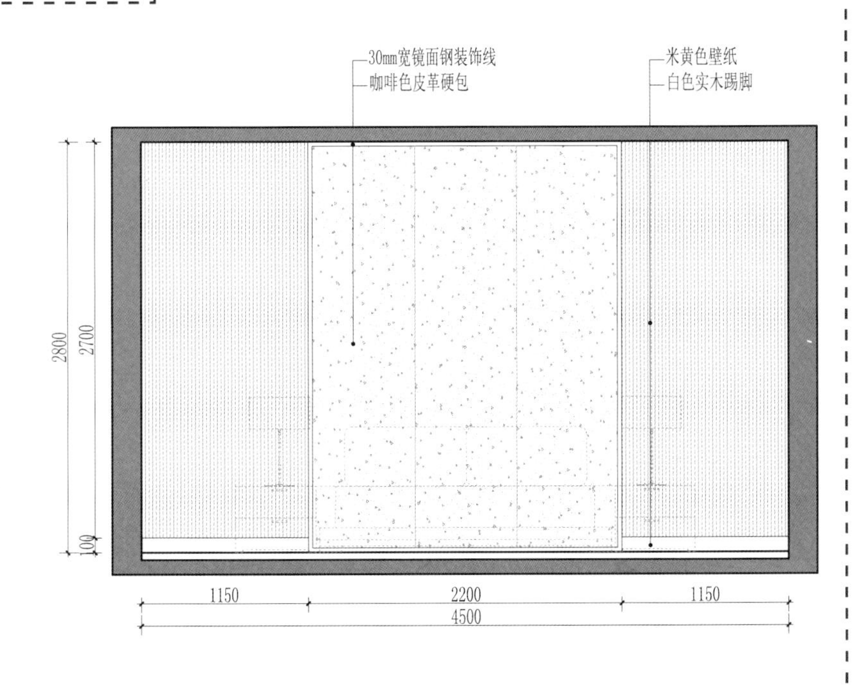

文化石的安装步骤

1. 将墙面清理干净，并且作墙面粗糙处理，如是塑料或木质的低吸水性光滑表面，需要铺铁丝网，并做出粗糙底面，得到充分养生后再铺贴文化石。

2. 贴文化石前，应将其在平地上排列组合，相近尺寸、形状、颜色的文化石要尽量排列在一起。

3. 按照水泥层、文化石层、水泥黏合接缝层来施工；

4. 文化石须充分浸湿，在文化石底部中央处涂抹黏结剂，要呈山状。

5. 铺贴文化石时，要先贴转角，上墙后充分按压，要看到文化石底部有黏结剂溢出。

6. 填涂填缝剂时，注意把握深浅，缝隙越深，产品的立体效果越好。

7. 填缝剂初凝后，将多余的填缝剂除去，用蘸水的毛刷修理缝隙表面，文化石表面如有填缝剂或黏结剂，待其干燥后，用刷子刷出去即可。

设计要点

以软木板装饰整个墙面给设计师带来大面积的创作展示空间，量身定做的整体工作台结构紧凑造型简约，在狭小的空间中打造出浪漫、自由、个性、充满无限灵感的工作空间。软木板装饰墙面的施工为：墙面用水泥砂浆找平，细木工板做衬板，表面粘贴软木装饰板，常见的软木装饰板有卷材和片材两种，比较薄的厚度为0.3mm或0.5mm，在本案中为了便于在设计图纸上摁图钉，采用粘双层0.5mm厚软木板的做法。

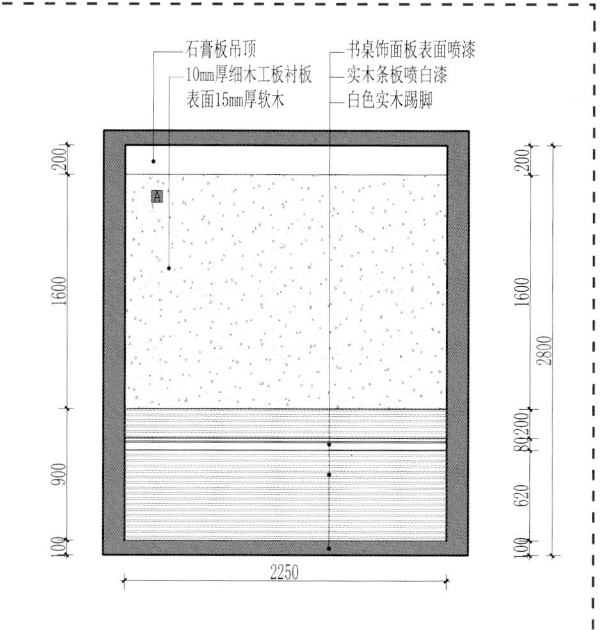

让挂画唤醒墙面的个性时尚

家居中的个性设计并不是那些难以理解的前卫艺术，有时候一盏别致的台灯，一把新奇的躺椅，一块与众不同的地毯，都可以使您的家装在别人眼里变得格外的个性与时尚。而在家装中，最容易引人瞩目也是面积最大的装饰空间——墙面上，则需要点缀上一些装饰画，以此来唤醒家装里属于自己的特立独行。窗户是房屋的眼睛，它让阳光和温暖沁入心脾，装饰画则是墙面的眼睛，它让品位和个性彰明较著。它是玄关上的第一眼钟情，它是客厅里的一回眸倾心，它是卧室里展现的品位与情趣，它是书房里彰显的格调与情怀，它让主人的个性与时尚一一呈现在客人眼前。它可以是一个个故事一张张相片婉转述说，也可以是一幅幅名作一笔笔油彩低调华丽。装饰画的存在，使整个空间多了许多主观思维的表达，是主人个性最直观的展示。用装饰画唤醒您的墙，唤醒只属于您的家装情怀与时尚。

EINSTEIN
Clark

Also in the scene
IN COT Criss Cross cot sheet set (includes
pillowcase, fitted sheet & flat sheet), $89, Lilly
& Lolly.
BRIGHT & BOLD Primary colours + geometric patterns = fun, modern mix
I AM,
WHAT

The Audi Book

鸣 谢 Acknowledgments

- 墙蛙装饰画
- 胡狸设计室
- 3C 工作室
- 天天设计
- 恒浩装饰
- 沈阳山石空间设计
- 胭脂设计工作室
- 尚成室内装
- 饰设计有限公司
- 品川设计
- 威利斯设计工作室
- 大连金世纪装饰
- 1979 品牌家居顾问设计公司
- 品筑空间艺术设计工作室
- 厦门创家园设计装饰

- 卜 什
- 文 健
- 王 猛
- 王 琴
- 王立世
- 王利昌
- 王娇龙
- 车正科
- 付佳兴
- 田 敏
- 石静怡
- 鸟 人
- 任丽娟
- 伊占朋
- 刘 帅
- 刘 哲
- 刘庆祥
- 刘耀成
- 刘耀明
- 孙 鹏
- 安 东
- 池宗泽
- 何 群
- 何炳文
- 吴 锋
- 吴序群
- 宋会杰
- 应 乐
- 张 新
- 张小春
- 张洪宾
- 张海峰
- 张富强
- 张鹤龄
- 李 波
- 李中好
- 李长航
- 李尚海
- 李杰亮
- 李俊年
- 李晓乐
- 李翠华
- 杨 程
- 杨乐乐
- 杨传光
- 杨静平
- 沙建磊
- 苏 越
- 迟家琦
- 邵士杰
- 陈毛豪
- 陈志超
- 陈晓丹
- 周 冲
- 孟红光
- 林元君
- 林耀明
- 欧建书
- 侯志新
- 姜 鑫
- 柯与陈
- 候恒清
- 夏璐鑫
- 徐云飞
- 徐世威
- 徐光鸣
- 栾春阳
- 袁士博
- 袁文书
- 贾建新
- 贾冠楠
- 郭长周
- 顾忠诚
- 高 磊
- 崔海波
- 康德亮
- 黄 军
- 黄羽珊
- 龚 军
- 曾 晖
- 曾成毕
- 虞小勇
- 慷 慨
- 潇 枫
- 潘自立
- 戴文强
- 檀溪谷
- 鞠成巍

责任编辑：王羿鸥
封面设计：魔杰设计 QQ：928 464 329

新居设计与装修3280例

新居设计与装修3280例——背景墙

新居设计与装修3280例——厨房、餐厅

新居设计与装修3280例——客厅

新居设计与装修3280例——卧室、书房

新居设计与装修3280例——玄关、地面、吊顶

新编家装设计法则

新编家装设计法则——客厅电视背景墙

新编家装设计法则——客厅沙发背景墙

新编家装设计法则——餐厅·卧室·走廊

新编家装设计法则——玄关·客厅

新编家装设计法则——天花·地面

上架建议：装修/装饰

ISBN 978-7-5381-9202-5

定价：34.80元

ACKGROUND WALL COLLECTION

背景墙精选集

简约卷

唐建　林林　迟家琦　吕明　主编

辽宁科学技术出版社
LIAONING SCIENCE AND TECHNOLOGY PUBLISHING HOUSE